針的拿法和線的掛法

美麗的作品取決於正確的拿針

★左手（線的掛法）

①將線穿越中間的兩根手指的內側，線的兩端則掛於外側

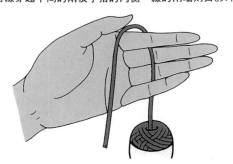

②立起食指，將線拉緊。

★右手（鉤針的拿法）

用大姆指與食指輕輕握住，中指輕靠針上。

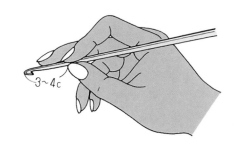

③使用的線較細或易滑時，可將線繞於小指一圈。

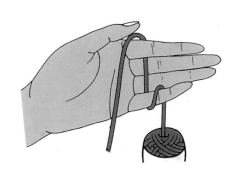

★正確編織法的手勢

左手掛線，將織片輕持於手中。右手持針，一邊用中指壓住針目，一邊鉤織。

3

起針

鎖針爲鉤針編織的起針。

起針

第1針起針的鉤法

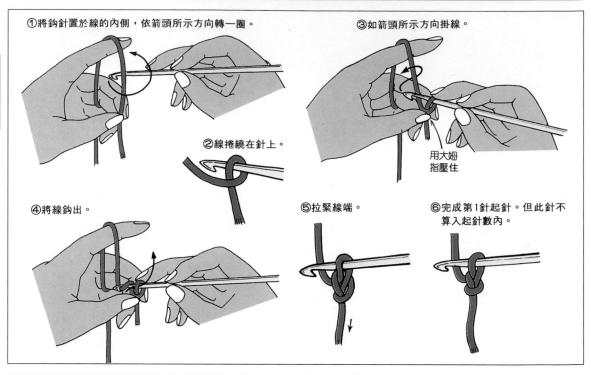

①將鉤針置於線的內側，依箭頭所示方向轉一圈。

②線捲繞在針上。

③如箭頭所示方向掛線。

用大姆指壓住

④將線鉤出。

⑤拉緊線端。

⑥完成第1針起針。但此針不算入起針數內。

鎖針的起針

①如箭頭所示方向掛線。

②將線由鉤針穿入的針目中鉤出後，即鉤出1針鎖針。

③同樣地掛線並鉤出線。

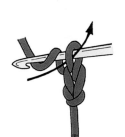

④鉤完5針時的樣子。依所須針數鉤織鎖針以作爲起針。

★鎖針的正面與反面

由起針開始挑針時，即有區別正、反面的必要。也請記得「鎖針的裏山」。

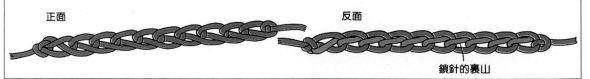

正面

反面

鎖針的裏山

起針所使用的鈎針的號數

起針的鎖針如果太緊或太鬆的話，織片就會歪七扭八，讓我們來鈎織出勻稱的起針吧！

由起針挑針，鎖針會被往上拉扯，而使得起針的長度縮短。因此，必須事先了解這一點，以較粗的鈎針針號鈎織起針。但是依織片的種類（花樣）不同，改變鈎針的號數也不同。

花樣的種類	起針的號數（與織片的號數差）
長針、短針	粗2號
方眼編	粗1～2號
一般的空花花樣	粗1～2號
網狀編織	相同或粗1號

起針太緊時（織片⁵⁄₀號、起針⁵⁄₀號）　　　起針太鬆時（織片⁵⁄₀號、起針⁸⁄₀號）　　　勻稱的起針（織片⁵⁄₀號、起針⁷⁄₀號）

由起針的挑針法

★由鎖針的裏山挑針

鎖針內側隆起的部分為裏山。從裏山挑針編織。使用此法起針的鎖針不會變形，且可鈎織出美麗的端線。

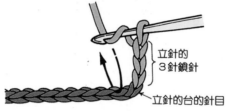

立針的3針鎖針

立針的台的針目

★由鎖針的半針作挑針

由鎖針正面上方的半針（一條線）挑針鈎織。

此法簡單易懂，最適合初學者，但缺點是易拉長起針，將起針孔扯寬。

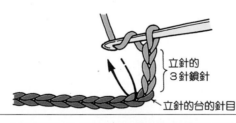

立針的3針鎖針

立針的台的針目

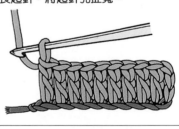

★由鎖針的半針與裏山兩線一起挑針

由鎖針正面上方的半針與裏山兩線同時挑針鈎織。

此法雖然不容易挑針，但是挑針處緊密不會有空隙出現，可確實地挑針。

←立針1針

輪狀的起針

由中心開始向外側鉤織成輪狀，爲圖案花樣等的起針。

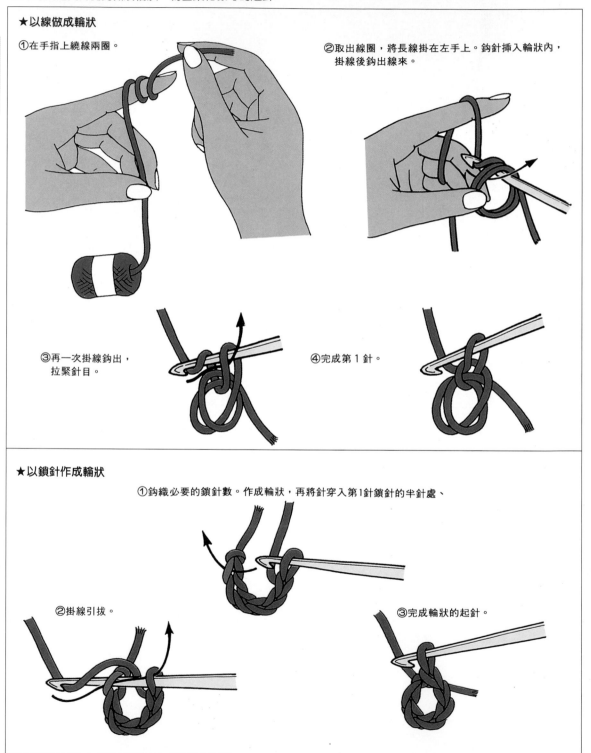

★以線做成輪狀

①在手指上繞線兩圈。

②取出線圈，將長線掛在左手上。鉤針插入輪狀內，掛線後鉤出線來。

③再一次掛線鉤出，拉緊針目。

④完成第1針。

★以鎖針作成輪狀

①鉤織必要的鎖針數。作成輪狀，再將針穿入第1針鎖針的半針處、

②掛線引拔。

③完成輪狀的起針。

鈎織方法的基礎
鈎針編織的注意事項

各編目的高度

各編目的高度的鎖針數，如下圖所示。

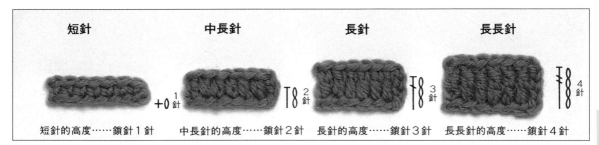

短針的高度……鎖針1針　　中長針的高度……鎖針2針　　長針的高度……鎖針3針　　長長針的高度……鎖針4針

立針

所謂立針係指各段開始鈎織時必須要有的針目。也就是該段編目的高度以鎖針代替的方法。基本上，是鈎該編目高度所需的鎖針數爲原則。

★立針算不算1針？
立針的鎖針是否與編目一樣算1針？事實上，其算法依各編目的高度而異。中長針以上高度的編目，立針算1針；短針的立針較小，因此不算1針。
短針……立針不算1針

中長針　）
長針　　｝立針算1針
長長針　）
立針算1針的情況之下，必須鈎織一作爲立針的台的針目。若立針不算1針，則不須鈎織此一立針的台的針目。此時立針只能算是多出來的針目。

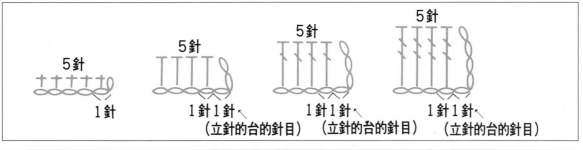

5針　　　　5針　　　　　5針　　　　　　5針
1針　　　1針1針　　　　1針1針　　　　　1針1針
　　　　（立針的台的針目）（立針的台的針目）（立針的台的針目）

記號圖的看法

編目的種類皆以記號表示（請參照17頁的編目記號）。而這些記號經過組合之後所標示出的圖表則稱爲記號圖，爲鈎織織片（花樣）時的要件。
記號圖所呈現的是從正面觀看時的狀態。但實際上鈎織時除了正面鈎織外，同時也會從背面鈎織。看記號圖的正確方法爲：立針的鎖針在右側者，則表示此爲由正面

鈎織的段。反之，若立針的鎖針在左側者，則爲由背面鈎織的段。
由正面鈎織的段的記號圖，都是由右至左依順序看著圖鈎；而由背面鈎織的段則爲由左至右看著圖鈎織。

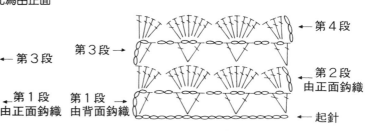

第4段→　　　　　　　　　　　　　　　　　　　　　　　　　　　　　←第4段
　　　　　　　　　　　　　←第3段　　第3段→
第2段　　　　　　　　　　　　　　　　　　　　　　　　　　　　　　←第2段
由背面鈎織　　　　　　　　　　　　　　　　　　　　　　　　　　由正面鈎織
　　　　　　　　　　　　　←第1段　　第1段→　　　　　　　　　　←起針
起針→　　　　　　　　　　由正面鈎織　　由背面鈎織

基本的織片

鉤針編織的基礎編目有鎖針、短針、長針。以這三種編目為基礎，即可鉤織出基本的織片（花樣編織）。

長　針

★起針與第1段

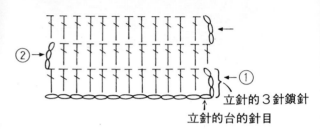

立針的3針鎖針

立針的台的針目

① 以大2號鉤針鉤織起針的鎖針。鉤織花樣時，則換成原來號數的鉤針，並鉤織3針鎖針的立針。再將鉤針依箭頭所示方向轉動並掛線。

起針　大2號的鉤針　　立針的3鎖針
　　　　　　　　　　鉤織織片的鉤針
立針的台的針目

② 將鉤針插入由鉤針算起第5針的鎖針的裏山內、

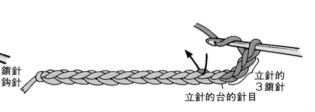

立針的3鎖針

立針的台的針目

③ 掛線依箭頭所示方向鉤出線來。

④ 掛線後，從針頭只引拔2條線。

⑤ 再1次掛線，將剩餘的2條線一併引拔出來。如此，長針第1針即完成。

⑥ 同樣地再掛線，由起針的下一個裏山鉤出長針。

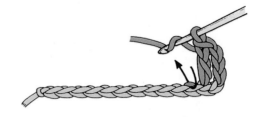

鉤織方法的基礎

★織片的回轉法

當1段鈎織完畢要換邊拿織片時,只要將鈎織完成的左側依箭頭所示向內回轉到織片的另一面。若回轉方向相反時,則端針與下一個針目會有空隙產生。

①將織片向內回轉。

②下1段的最初1針,要由內側掛線。

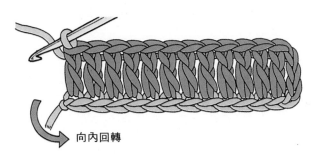

向內回轉

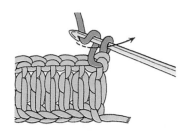

★第2段

①鈎織立針的3針鎖針。鈎針掛線,由前段的針頭挑2線鈎織。

②左側的最後1針必需挑起前段的立針的第3針鎖針的裏山與外側半針2線鈎織。(第1段的鎖針背面向前。)

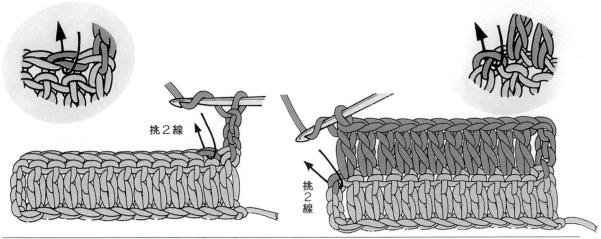

挑2線

挑2線

★第3段以後

織片一定是向內回轉,在各段的開始處鈎織立針的鎖針。因為左側前段的鎖針的正面向前,所以要挑外側半針與裏山的2線鈎織。

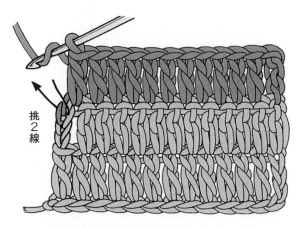

挑2線

短　針

★起針與第1段

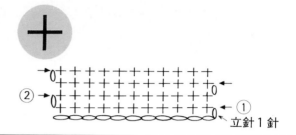

② 立針1針

① 鎖針鈎織片的針數換回原來號數的鈎針，鈎織立針的1針鎖針。

①以大2號針鈎起針的鎖針。鈎織織片時換回原來號數的鈎針，鈎織立針的1針鎖針。

②鈎針穿入由鈎針往回數的第2針（起針的第1針）的裏山，將線引出。

起針　大2號針　立針的1針鎖針　鈎織織片的針號

③再一次掛線，將針上的2個針環一次引拔。完成1針短針。

④下一個鎖針的裏山，以同樣的方法鈎織第2針。

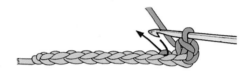

★織片的回轉法

進行下1段的鈎織時，織片的回轉法與長針的回轉法相同，也是將織片的左側向內回轉即可。

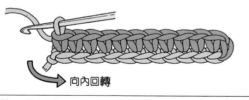
向內回轉

★第3段以後

第3段以後的鈎法與第2段同。由於立針的1針鎖針是多餘的針目，所以注意不要由此挑針鈎織。

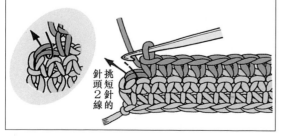
挑短針的針頭2線

★第2段

①鈎織立針的1針鎖針。（此針為多餘的1針）由前段右側的針頭2線鈎織短針。

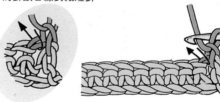
立針的1針鎖針

②接下來也是由前段的針目1針1針的挑針鈎織短針。

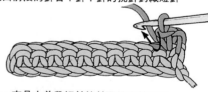

③左側的最後，亦是由前段短針的針頭挑2線鈎織。

挑2線

網狀編織

★起針與第1段

由於鈎織起來像一個個的網眼，所以稱之爲網狀編織。
由鎖針與短針組合鈎織而成。

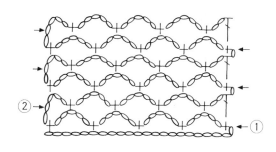

①起針所用的鈎針可選擇與織片相同的針號或是大1號針。然後換上鈎織織片的鈎針針號，鈎織1針鎖針的立針。接著挑由鈎針回算的第2針的鎖針的半針與裏山的2條線，鈎織短針。

②跳過起針的4針鎖針，鈎織短針。

③換段鈎織時，將織片向內側回轉。

挑半針與裏山

立針的1針鎖針

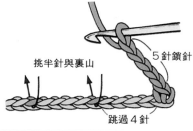

挑半針與裏山

5針鎖針

跳過4針

向內回轉

★第2段

①連立針在內共鈎織5針鎖針。由前段的鎖針挑束鈎織短針。

②鈎織至左邊時，由前段短針的針頭挑2線鈎織長針。

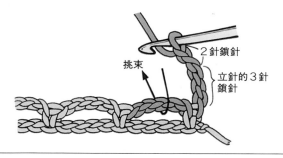

挑束

2針鎖針

立針的3針鎖針

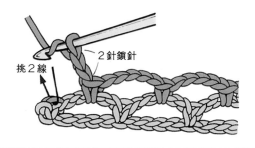

2針鎖針

挑2線

★第3段

①鈎織立針的1針鎖針，由前段長針的針頭挑2線鈎織短針。

②鈎織至左邊時，由前段立針的第3針鎖針的半針與裏山鈎織短針。

挑2線

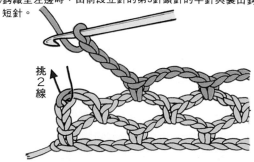

挑2線

11

鉤織起來像一格格的方格子一般，所以稱之為方眼編。是由長針與鎖針組合而成的鉤法。

★起針與第1段

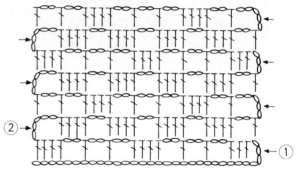

①以大1號針鉤織起針的鎖針（1針方眼編時則使用大2號針）。然後換針，鉤出立針的3針鎖針，再由鉤針往回數第5針鉤出長針。

立針的3針鎖針
立針的台的針目

②再繼續鉤織2針長針。

③鉤織2針鎖針，跳過起針的2針鎖針鉤織長針。如此反覆鉤織2針鎖針、1針長針2次。

2針鎖針

④左邊是連續鉤織4針長針。

向內回轉

★第2段

①連立針在內共鉤織5針鎖針，接著由前段的針頭挑2線鉤織長針（作分割的挑針）

2針鎖針
分割的挑針
3立針針鎖的針

②由前段的方眼針內，作束的挑針。

挑束

③由前段的長針的針頭，作分割的挑針。

分割的挑針

④鉤織至左邊時，由前段立針的第3針鎖針的裏山與半針挑2線鉤織。

挑2線

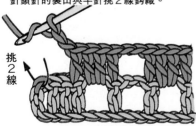

★第3段以後
第3段以後，所有左邊的鉤織法與第2段同。

挑2線

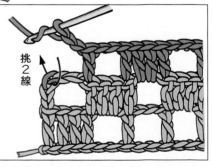

輪狀編織（鈎織成圓筒形）

不是單一方向輪狀鈎織，而是每段都作正反面交替的方法鈎織。

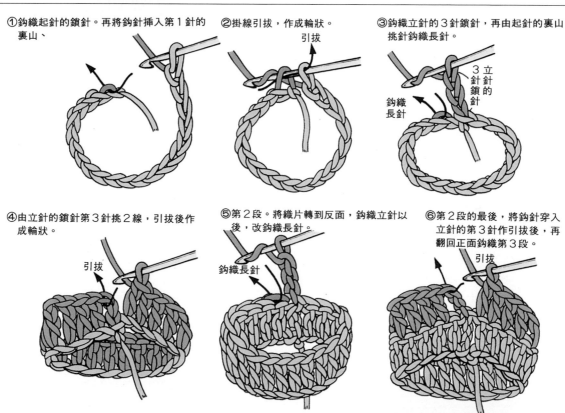

鈎織成輪狀

①鈎織起針的鎖針。再將鈎針插入第1針的
　裏山、

②掛線引拔，作成輪狀。

引拔

③鈎織立針的3針鎖針，再由起針的裏山
　挑針鈎織長針。

3立
針針
的鎖
鈎針
織
長
針

④由立針的鎖針第3針挑2線，引拔後作
　成輪狀。

引拔

⑤第2段。將織片轉到反面，鈎織立針以
　後，改鈎織長針。

鈎織長針

⑥第2段的最後，將鈎針穿入
　立針的第3針作引拔後，再
　翻回正面鈎織第3段。

引拔

★從頭到尾不翻面，都由正面鈎織的結果……

本來，鈎針編織的針目的針頭會比針足偏右，所以若都
是由正面鈎織的話，花樣整體將會偏右傾斜。尤其是立
針的鎖針部分最為明顯。因此一定要每一段作正反面交
替的鈎織。

圖案花樣的基本形

所謂的圖案花樣，係指由中心作一輪狀的起針，再由此中心向外擴張的鉤織。代表性的形狀有圓形、三角形、四角形、六角形等形狀。這類的圖案花樣只要順著同一方向（正面）繞著中心鉤織即可。

圓形（長針）

基礎
鉤織方法的

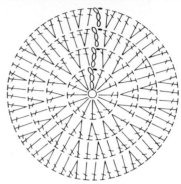

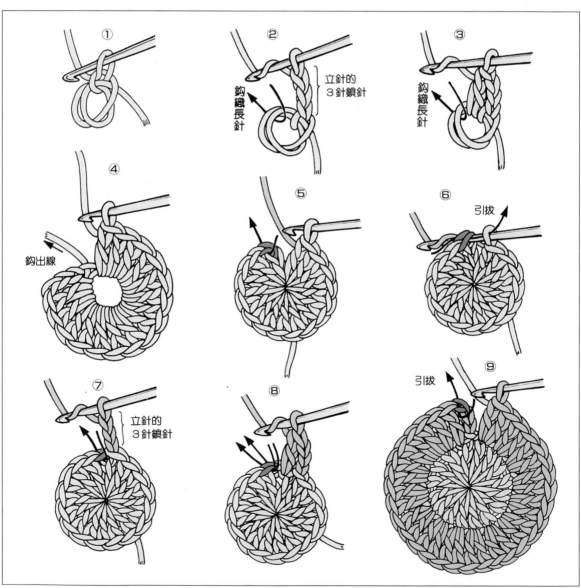

①

② 鉤織長針　　立針的3針鎖針

③ 鉤織長針

④ 鉤出線

⑤

⑥ 引拔

⑦ 立針的3針鎖針

⑧

⑨ 引拔

圓形（短針）

A　有立針的方法

① 各段的最後都是由第1針作引拔針。
② 各段在開始時，都先鈎織立針的1針鎖針。

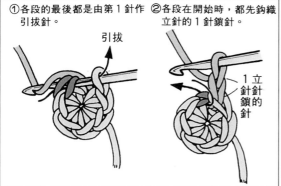

引拔

1立
針針
鎖的
針

B　輪狀繼續鈎織的方法

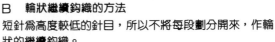

短針為高度較低的針目，所以不將每段劃分開來，作輪狀的繼續鈎織。

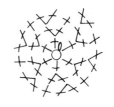

① 第1段一直鈎到最後、（不作引拔、不鈎織立針）直接鈎織第2段的短針。
②

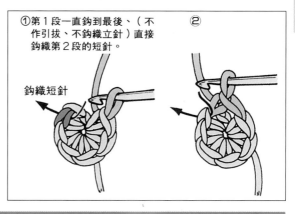

鈎織短針

四角形

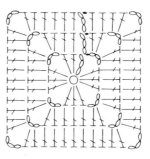

①

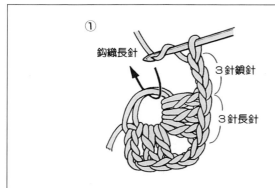

鈎織長針

3針鎖針

3針長針

②

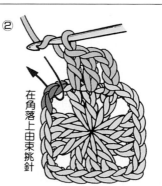

在角落上由束挑針

六角形

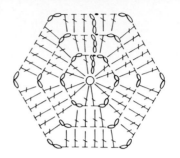

①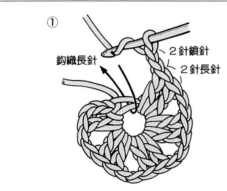

鈎織長針

2針鎖針
2針長針

②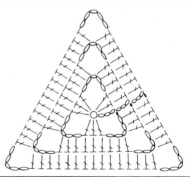

作分割的挑針

由束挑針

三角形

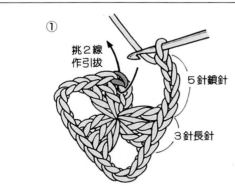

①

挑2線
作引拔

5針鎖針

3針長針

②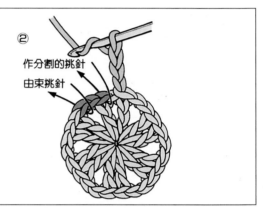

角落上的針目要鈎得稍長些
（針足調整）

編目記號與鈎織的方法

編目記號是JIS（日本工業規格）所制定的。請記住這些記號的名稱與正確的鈎織順序。可任意組合這些記號鈎織成花樣。

鎖針

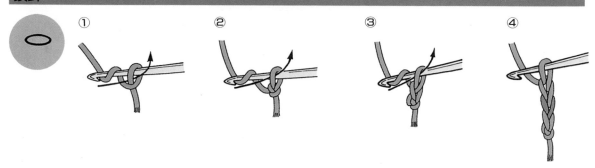

短針

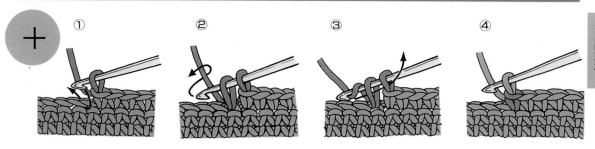

中長針

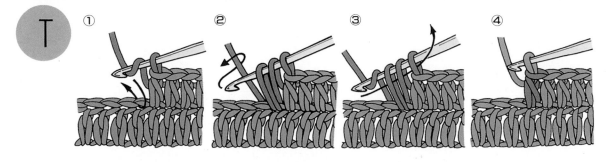

長針

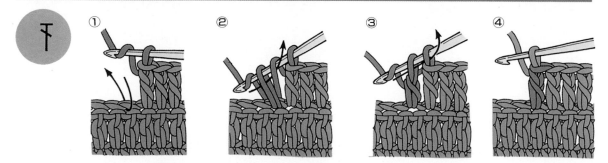

長長針

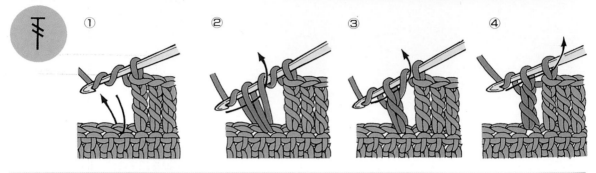

① ② ③ ④

3中長針的玉針

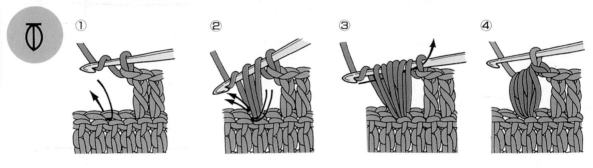

① ② ③ ④

3長針的玉針

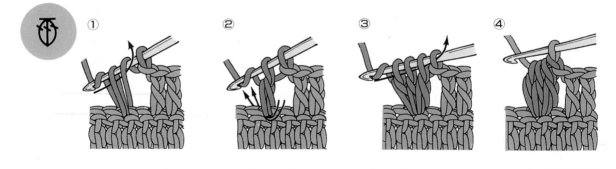

① ② ③ ④

5長針的爆米花針

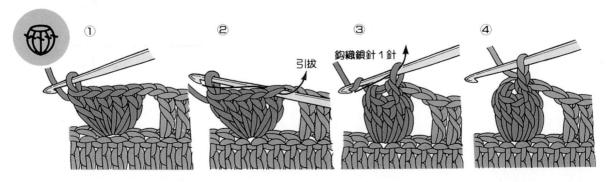

① ② ③ 鈎織鎖針1針 ④

引拔

交差長針

① 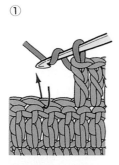　② 　③ 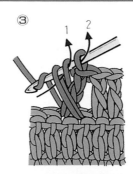　④

變化的交差長針

① 　② 　③ 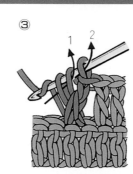　④

2長針的併針

① 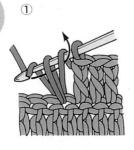　② 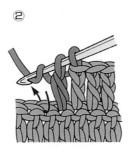　③ 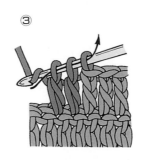　④

3長針的併針

① 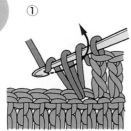　② 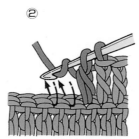　③ 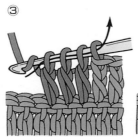　④

短針的2併針

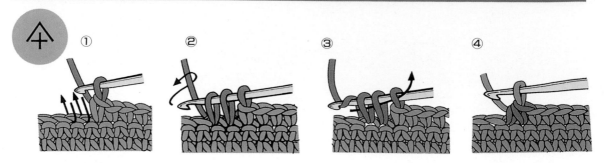

① ② ③ ④

由1針鈎出2短針

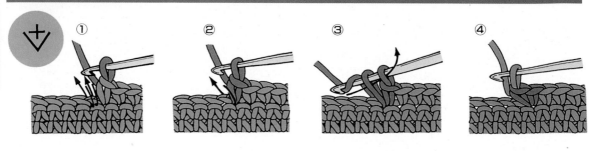

① ② ③ ④

由1針鈎出2長針

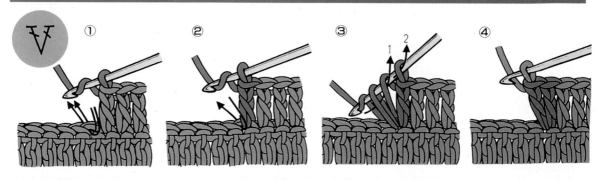

① ② ③ ④

表引長針

① ② ③ ④

裏引長針

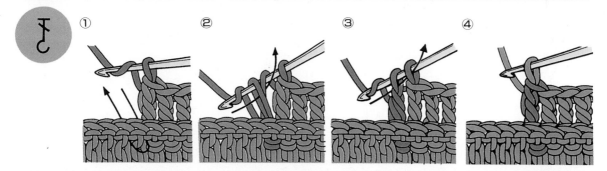

① ② ③ ④

逆短針

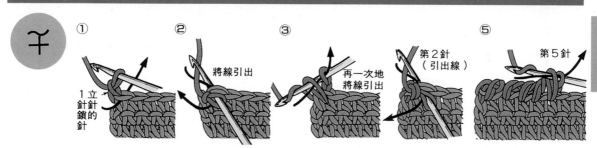

① ② 將線引出 ③ 再一次地將線引出 第2針（引出線）⑤ 第5針

1立針針的鎖針

引拔針

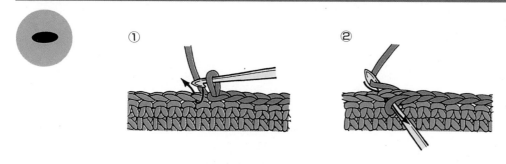

① ②

短針的環針

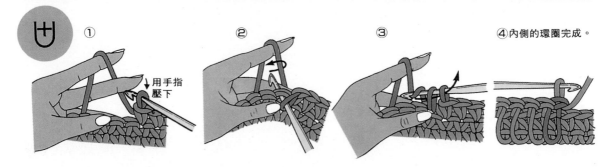

① 用手指壓下 ② ③ ④內側的環圈完成。

橫條配色與配色花樣
（換配色線的方法）

除了使用JIS記號鉤織花樣之外，另外還有「橫條配色」與「配色花樣」。兩者皆使用2種以上顏色的線，所以線的換法是技術的重點。

以段為單位換配色線

鉤織橫條配色時，以段為單位換配色線。在換配色線的前一段的最後一針引拔前，換配色線。

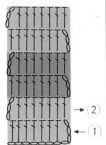

→②
←①

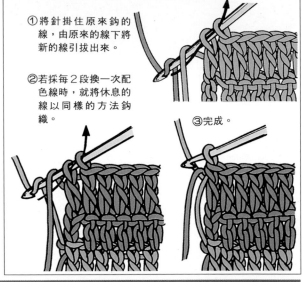

① 將針掛住原來鉤的線，由原來的線下將新的線引拔出來。

② 若採每2段換一次配色線時，就將休息的線以同樣的方法鉤織。

③ 完成。

圖案花樣的配色

更換配色的前一段最後時，必須作引拔針，然後藏線頭。在鉤織下一段之前，將配色線接上，邊鉤邊將線頭包夾著鉤藏好線頭。

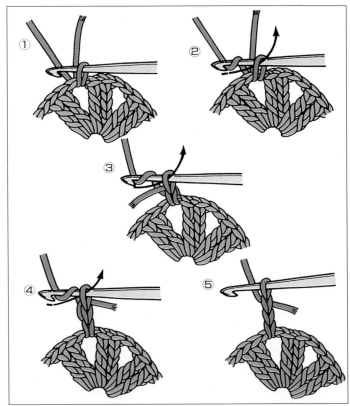

①
②
③
④
⑤

編目記號與
鉤織的方法

橫的渡線的配色

圖案較小時，採用將休息的線作橫的渡線的配色方法。

正面

背面

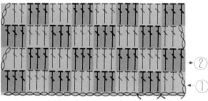

配色線 主色線

①鈎織配色線的針目之前1針，將最後的引拔換配色線鈎出。

主色線
配色線

②將主色線與配色線的線頭一起包夾著鈎織進去。

配色線
主色線

③在配色線的最後1針作引拔時，換上主色線。

主色線
配色線
外側

④連同配色線一起包夾著鈎織進去。

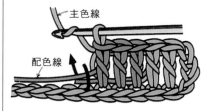

主色線
配色線

⑤同樣地，在鈎配色之前一針的引拔前，換配色線。為了不使2色毛線糾纏在一起，因此換線時注意要以固定方向更換。（圖③…主色線由外側更換。圖⑤…配色線由內側更換。）

配色線
主色線
內側

⑥左側的換線方法。

Ⓐ織片為正面時，由內側掛休息的線。

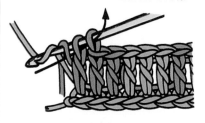

⑦第2段。將休息的線包夾著鈎織。

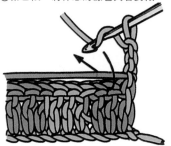

⑧

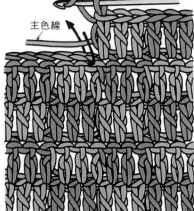

配色線
主色線

Ⓑ織片為背面時，由外側掛休息的線。

編目記號與鈎織的方法

23

不渡線的配色

大圖案、重點式花樣或是縱的渡線配色，在每個花樣的位置接線，也就是使用多條線的鈎織。

正面

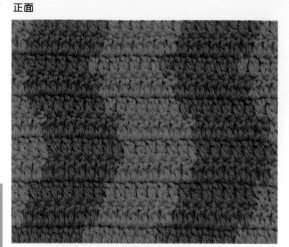

背面

③第2段。換配色線時，在主色線之最後一針鈎出前，用鈎針由主色線內側將配色線引拔出來。

主色線A　配色線　主色線B

④將休息的線留在正面（內則）。

配色線
主色線A
主色線B

⑤第3段。換線時，將休息的線由內往外掛在鈎針上，換線後引拔出來。休息的線則留在背面。

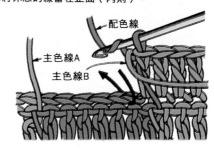

主色線A
配色線
主色線B

① → ② → ⑤ → ⑧ →

主色線B　配色線　主色線A

①在開始鈎織配色線前之最後一針引拔前換線。（休息的線先掛在針上）

②換爲主色線時，也在最後一針鈎出前，換上另一色的主色線鈎織。

主色線B　配色線　　　　　主色線A

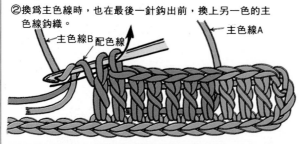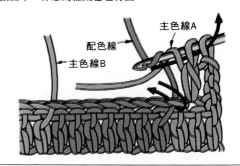

編目記號與
鈎織的方法

推算的方法

鈎針的推算方法有別於棒針，以一種獨特的方法進行。首先必需要正確地量取密度後，才開始推算。

■ 密度的量法

為了量取密度，所以需先試鈎一織片。使用與作品相同的材料與鈎針，鈎織出與作品相同花樣的織片約15平方公分大小，稱為「試編」。試編完成後，先以蒸氣熨斗輕輕熨燙過，再稍稍整理一下，然後量取密度。

A 規則的織片的量法

10cm有幾針？10cm有幾段？

以長針或短針鈎織的織片，是全部都鈎相同的針目，而且所有的針目皆呈規則排列。鈎織此類織片時，是以10cm的針數與段數來計算的。

在織片的中央橫放一量尺，算出10cm的針數。然後再將量尺直放，算出10cm的段數。

以圖中的長針為例，是用並太毛線5/0號鈎針鈎織成的織片其密度10cm是21針、10段。

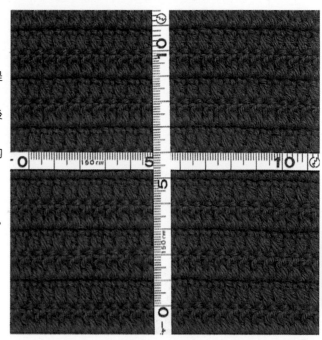

量取10cm的針數、段數。

B 不規則織片的量法

一個花樣橫的有幾公分？縱的有幾公分？

鈎針鈎織的花樣，多由鎖針、短針、長針等種類不同的編目組合而成的。所以有時無法以上述方法量取密度。碰到此種情況，則以一個花樣為單位，量其橫、縱的尺寸。但是單量一個花樣，常常會量得不正確，因此以接近10cm的尺寸算出完整的花樣數，再平均算出一個花樣的公分數。

照片所示，為一以5/0號鈎針及並太毛線，鈎織出的花樣。其橫的為2個花樣9cm，所以一個花樣為9cm÷2＝4.5cm。而縱的為5個花樣10cm，所以一個花樣（2段）為10cm÷5＝2cm。

還有段數方面，由於花樣不規則，因此在以10cm為單位計算時，也可採用與長針相同的計算法。

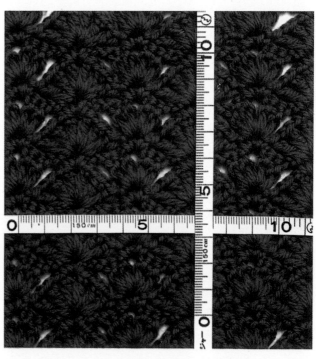

計算一個花樣橫的有幾公分、縱的有幾公分。

針數、段數的計算

以10cm的密度爲基礎，依各部分的尺寸算出其針數與段數。由於量密度有以10cm爲單位計算針數、段數，也有以一個花樣的公分數來計算，所以針數、段數的計算方法就有所不同。

A　10cm爲21針、10段的長針的情況

雖然密度是以10cm爲單位來量取，但實際計算時仍須以1cm的針數、段數爲基本，再乘以所需的公分數來算出。

1cm的針數×寬度

衣寬⋯⋯2.1目×46cm＝96.6針→（4捨5入）97針

肩寬⋯⋯2.1針×9.5cm＝19.95針→20針

領開口⋯⋯2.1針×16cm＝33.6針→33針（取奇數）

1cm的段數×長度

脇邊長⋯⋯1段×29cm＝29段

接袖長⋯⋯1段×17cm＝17段

肩斜⋯⋯1段×3.5cm＝4段（4捨5入）

後領深⋯⋯1段×2cm＝2段

B　一個花樣橫的有4.5cm，縱的有2cm的鉤針花樣的情況

以花樣爲單位量密度時，則以一個花樣的橫的尺寸爲基本，算出整體所需的花樣數。

橫的尺寸÷橫的一個花樣的尺寸

衣寬⋯⋯46cm÷4.5cm＝10.2→10花樣

肩寬⋯⋯9.5cm÷4.5cm＝2.1→2花樣

領開口⋯⋯16cm÷4.5cm＝3.55→3.5花樣

縱的尺寸÷縱的一個花樣（2段）的尺寸

脇邊長⋯⋯29cm÷2cm＝14.5花樣（29段）

接袖長⋯⋯17cm÷2cm＝8.5花樣（17段）

肩斜⋯⋯3.5cm÷2cm＝1.75→2花樣（4段）

後領深⋯⋯2cm÷2cm＝1花樣（2段）

因爲縱的一個花樣爲2段，所以各花樣數乘以2倍，即可計算出段數。

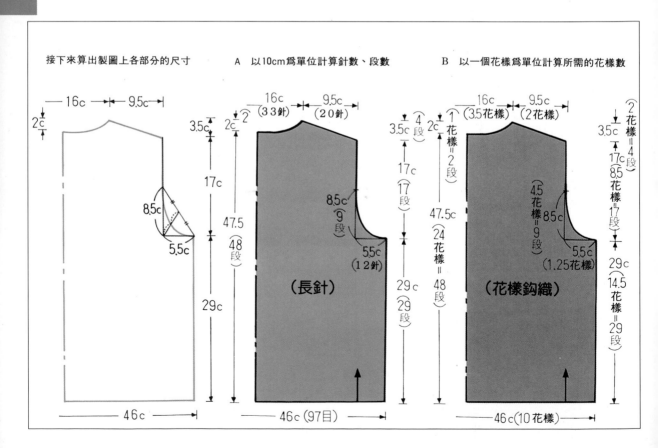

接下來算出製圖上各部分的尺寸　　　A　以10cm爲單位計算針數、段數　　　B　以一個花樣爲單位計算所需的花樣數

推算的順序

鈎針的花樣是由鎖針、短針、長針等各種不同的編目高度組合而成的。而且依其花樣不同,組合方法也有不同,所以棒針編織時所使用的「編目方眼格」,不適用於鈎針編織。即使是鈎織長度均等的長針的織片,因其每一段的高度為1cm,所以若欲鈎織斜線或曲線的形狀時,我們必須調整長針的長度,否則無法鈎織出美麗的輪廓線條的。

因此,我們使用與實際編織物等大的編目記號圖「花樣鈎織圖表」,直接將欲鈎織的針目的形狀作正確的推算。

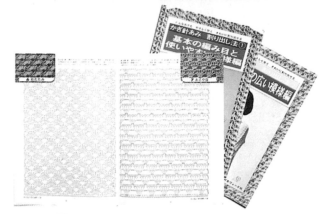

鈎針鈎織的推算法
以實物大的編目記號可作出各種的花樣鈎織的推算。

① 決定花樣圖表

先從花樣鈎織圖表中,選出想鈎的花樣。在此將最基本的,最易懂的長針的圖表列出如下。

長針的花樣鈎織圖表

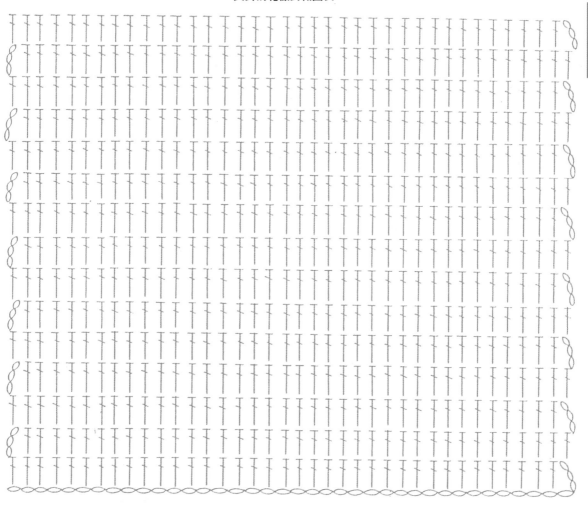

② 先決定花樣開始鈎織的位置後，標示出針數、段數

先在圖表上決定花樣開始鈎織的位置，並標出欲推算部分的針數與段數。在此以26頁，長針的作品袖圈的弧度線部分爲例。在圖表上輕輕地貼上描圖紙，描出袖圈弧度線……12針、9段的基本線。

③ 描出輪廓線

在基本線的範圍內，描繪出袖圈弧度線。和製圖時相同的畫法，先畫引導線，再畫出正確的弧度線。

想作推算的部分

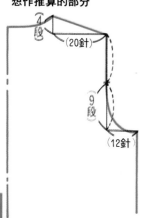

先畫出袖圈弧度線的針數、段數的基本線。

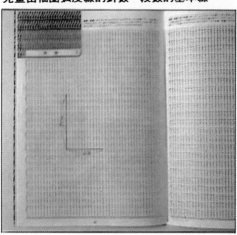

畫好引導線後，再描出弧度線。

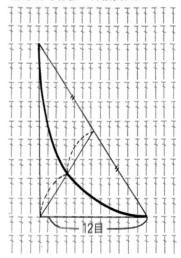

④ 重新描繪輪廓線的符號

編目因輪廓線而被分割成不完整，將不完整的編目，依其合適的高度重新描繪。

編目的高度的思考

左下圖是各編目高度的比較。現假設長針的高度爲１，中長針則爲長針的２／３高，短針爲其１／３高。引拔針則爲無高度之編目。以輪廓線重新描繪被分割的編目時，先看準編目的高度將減低多少，再畫出符號其高度的編目即可。

　下圖中央則以長針斜線爲例，是依編目的高度實際地重新描繪出記號之圖示。

1…因其與線相接觸，所以選擇高度最低的引拔針。

2…雖不及長針的１／３，但因其仍有高度，所以畫上較低的短針。

3…約爲長針的１／２，所以選擇稍低的中長針。

4…正好爲長針的２／３的高度，因此選擇中長針。

5…比長針稍短，故選擇稍短的長針。

6…此處爲完整的長針。

此圖爲放大圖，所以可明顯看出差別之處。但實際上畫時，並無法如此正確地推算。另外，如較低的短針、較低的長針等，手法上都是要稍控制的部分，所以雖然沒有一一在記號圖上標出註解，只要了解其意義，就會鈎織出美麗的輪廓線的。

袖圈弧度線

接下來，我們來實際推算袖圈弧度線。一面想像更實際鈎織時的方向、立針以及渡線的方法等情況，一面將原本不完整的輪廓線重新繪出美麗的弧度線。

肩斜

肩斜的推算和前所述的要領相同。先在圖表上畫20針，4段的基本線，連接成斜線，再將不完整的編目依其高度重新畫上適合的記號。

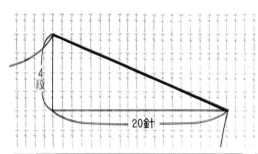

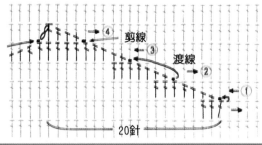

推算方法

花樣鉤織圖表與針數相同時

在「鉤針花樣」書中的花樣，是和用中細毛線以⅗號針鉤織時的編目，大小相同。所以若是針數與花樣鉤織圖表相同時，你就能很輕易地正確地作推算。

以26頁的袖圈為例，在圖表上畫上寬5.5cm，長8.5cm的基本線，並在其範圍內畫出弧度線作推算。

密度相同時，以與製圖相同的尺寸畫圖即可。

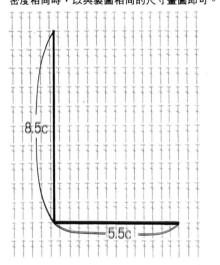

欲在39段之間增加11針時。

$$39段÷11= \begin{matrix} 4-6 \\ 3-5 \end{matrix} \left. \begin{matrix} 4-1 \\ →3-1 \\ 4-1 \end{matrix} \right\rangle 5 \left. \begin{matrix} 4段-1針-1回 \\ →3段-1針-1回 \\ 4段-1針-1回 \end{matrix} \right\rangle 重覆5次$$

由於上述方法是4段增加1針，然後3段增加1針，在此範圍內的推算，共重覆5次。最後，4段再增加1針。

長的斜線時

長的斜線如脇邊、袖下等的斜線，由於尺寸較長，所以無法完全畫入圖表中。因此必需在有限的範圍內作推算，所以要用合併推算的方法。也就是說，將斜線的長度分為幾等分，只要先推算其中一等分，將其重覆操作即可完成長斜線的推算。

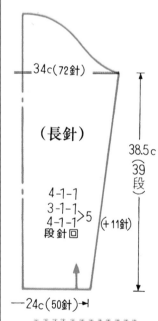

（長針）

34c（72針）

38.5c
（39段）

4-1-1
3-1-1
4-1-1 ⟩5
段針回

（+11針）

24c（50針）

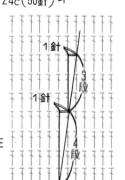

1針

3段

1針

4段

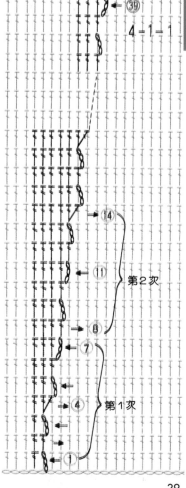

4-1-1

39

14

11　第2次

8

7

4　第1次

1

29

減針與加針

在鉤織袖圈、領圍線、肩斜等斜線或弧度線時，必需使用的
是減針、加針以及引返編織的技法。

端邊一針的減針（長針）
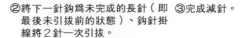

右側

①鉤織立針的 2 針鎖針（與未完
　成的長針同高度）。

②將下一針鉤爲未完成的長針（即
　最後未引拔前的狀態）、鉤針掛
　線將 2 針一次引拔。

③完成減針。

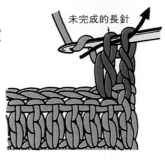

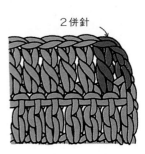

未完成的長針

2針鎖針

2併針

左側

①左邊的二針鉤織未完成的長針。

②鉤針掛線，將 2 針作一次引拔。

③完成減針。

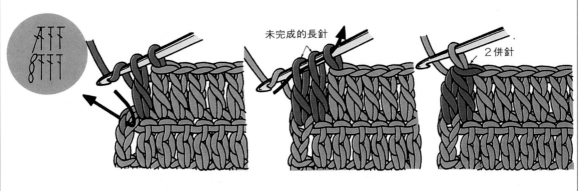

未完成的長針

2併針

在織片的中間鉤織一針的減針（長針）
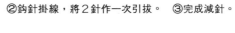

①在欲減針的位置鉤織 2 針未完
　成的長針。

②鉤針掛線，將 2 針作一次引拔。

③完成減針。

未完成長針

減針與加針

端邊一針的減針（短針）

右側

①鉤織立針的 1 針鎖針。再將鉤針穿入端針，將線引出，下一針亦以同法將線引出（鉤織 2 針未完成短針）。

②鉤針掛線，一次作引拔。

③ 完成減針。

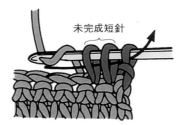 未完成短針

 2併針

左側

①左端的 2 針，分別將線引出（即鉤織 2 針未完成短針）。

②鉤針掛線，一次作引拔。

③完成減針。

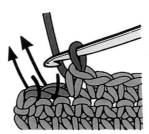

 未完成的短針

 2併針

在織片的中間部分鉤織一針的減針（短針）

①在欲減針的位置，鉤織 2 針未完成的短針。

②鉤針掛線，作一次引拔。

③完成減針。

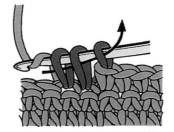

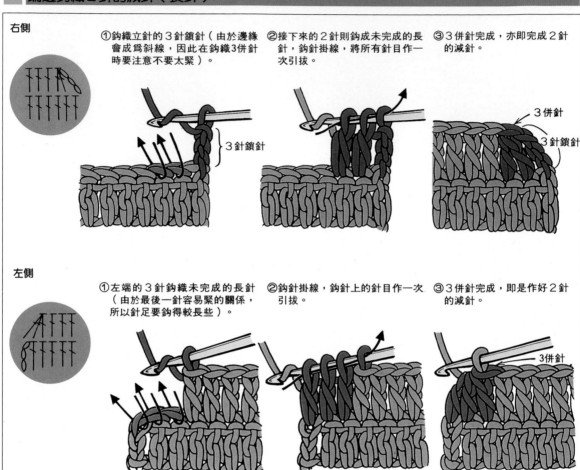

右側

①鉤織立針的３針鎖針（由於邊緣會成爲斜線，因此在鉤織３併針時要注意不要太緊）。

②接下來的２針則鉤成未完成的長針，鉤針掛線，將所有針目作一次引拔。

③３併針完成，亦即完成２針的減針。

3針鎖針

3併針
3針鎖針

左側

①左端的３針鉤織未完成的長針（由於最後一針容易緊的關係，所以針足要鉤得較長些）。

②鉤針掛線，鉤針上的針目作一次引拔。

③３併針完成，即是作好２針的減針。

3併針

接線法（雙重結）

鉤織途中，線不足時的接線法。

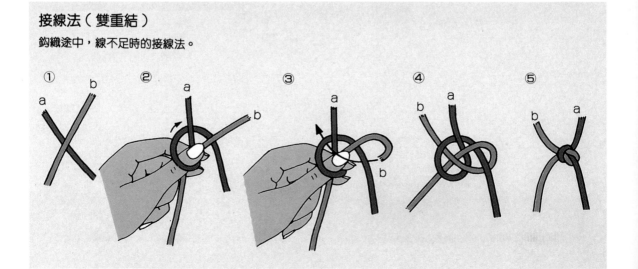

①　②　③　④　⑤

★鈎織引拔針

左側　只留下欲減針的針數不予鈎織。　　　右側　將欲減針的針數作引拔針。

★渡線

①將欲減針段之前一段的最後的針環撐大，然後將毛線球穿出，拉緊線將針目縮緊。

②在欲減針的段，將線渡過欲減針的針數的長度，再將線引出（線不能拉緊）。

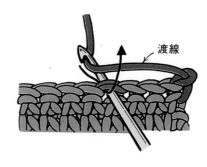

③鈎針掛線後引拔。

④完成。左側、右側皆以同法減針。

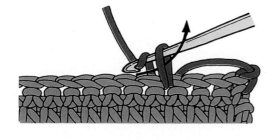

加針

在端邊鈎織1針的加針（長針）

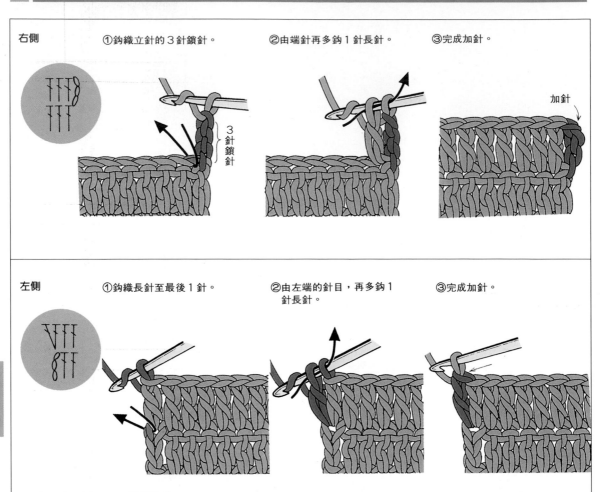

右側

①鈎織立針的3針鎖針。

②由端針再多鈎1針長針。

③完成加針。

3針鎖針

加針

左側

①鈎織長針至最後1針。

②由左端的針目，再多鈎1針長針。

③完成加針。

在織片的中間鈎織1針的加針（長針）

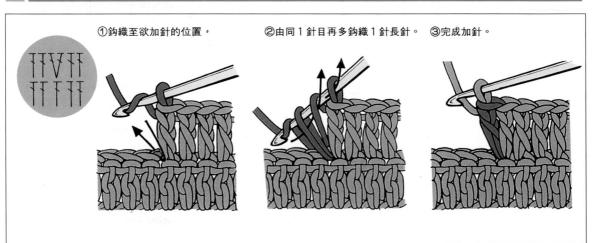

①鈎織至欲加針的位置。

②由同1針目再多鈎織1針長針。

③完成加針。

減針與加針

在端邊鉤織1針的加針（短針）

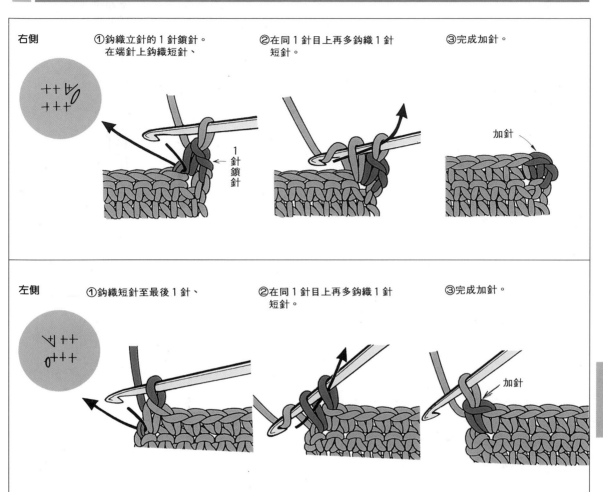

右側

①鉤織立針的1針鎖針。
在端針上鉤織短針、

②在同1針目上再多鉤織1針
短針。

③完成加針。

1針鎖針

加針

左側

①鉤織短針至最後1針、

②在同1針目上再多鉤織1針
短針。

③完成加針。

加針

減針與加針

在織片的中間鉤織1針的加針（短針）

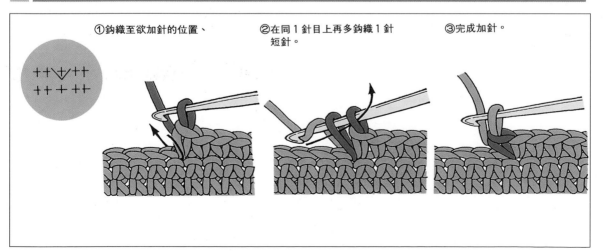

①鉤織至欲加針的位置、

②在同1針目上再多鉤織1針
短針。

③完成加針。

在端邊鈎織2針的加針（長針）

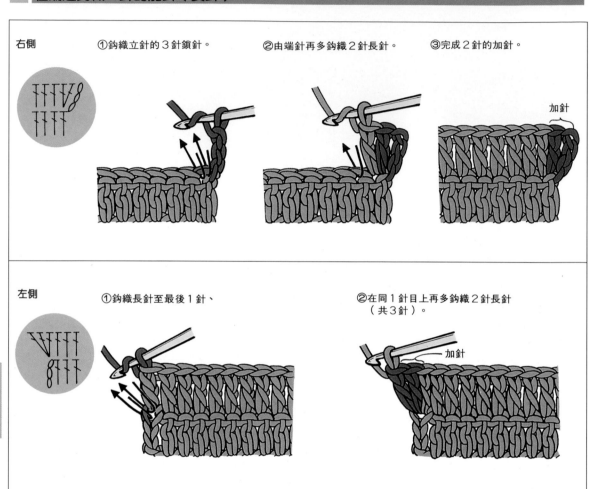

右側

①鈎織立針的3針鎖針。　　②由端針再多鈎織2針長針。　　③完成2針的加針。

加針

左側

①鈎織長針至最後1針、　　②在同1針目上再多鈎織2針長針（共3針）。

加針

藏線法

將起頭與結尾的線頭，不顯目地藏至織片的端針中或織片的裏面。

藏入端針中

藏入織片的裏面

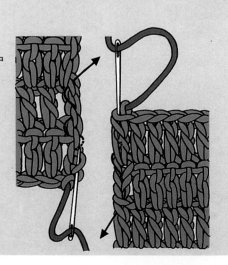

3針以上的加針（長針）

圖為長針加針的範例，短針的加針，其要領也相同。

左側

①在端針上，接上別線、

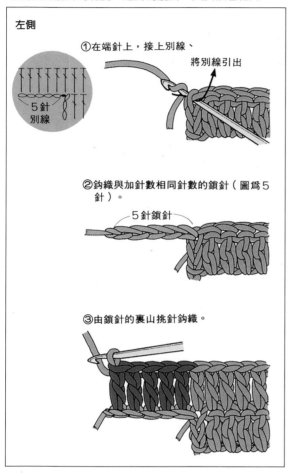

5針
別線

將別線引出

②鈎織與加針數相同針數的鎖針（圖為5針）。

5針鎖針

③由鎖針的裏山挑針鈎織。

右側

①在欲加針的前一段，由最後1針鈎織加針數＋立針的鎖針數（圖為加針數5針＋立針3針＝8針）。

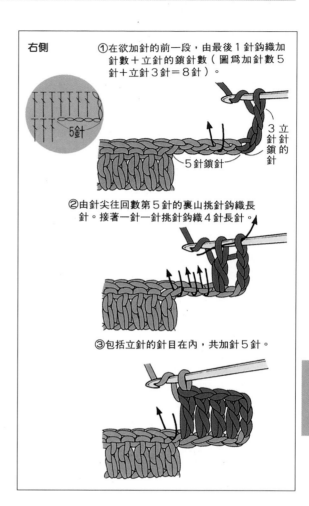

5針

3立
針的
針針

5針鎖針

②由針尖往回數第5針的裏山挑針鈎織長針。接著一針一針挑針鈎織4針長針。

③包括立針的針目在內，共加針5針。

在同色的織片內穿入藏線

由圖案花樣的背面穿入藏線

引返編織

邊織邊留針目的引返編織

依序留下針目，鉤織出傾斜狀的作法。多使用於肩斜與胸褶等。正確的作出斜線的推算後，再鉤織適合各編目之高度的針足長度。

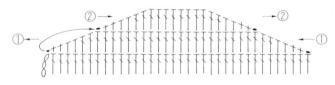

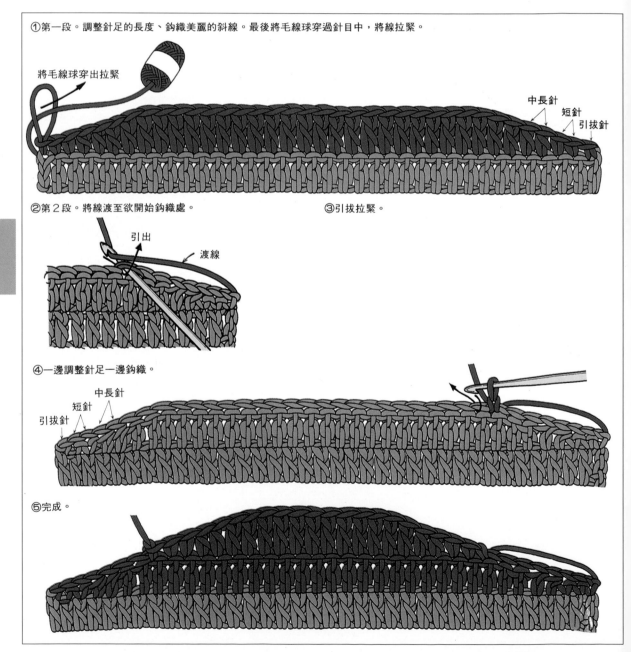

①第一段。調整針足的長度、鉤織美麗的斜線。最後將毛線球穿過針目中，將線拉緊。

將毛線球穿出拉緊

中長針
短針
引拔針

②第2段。將線渡至欲開始鉤織處。

引出
渡線

③引拔拉緊。

④一邊調整針足一邊鉤織。

中長針
短針
引拔針

⑤完成。

邊織邊進行的引返編織

此為由少數針數開始，逐漸增加針數，作出傾斜狀的方法。

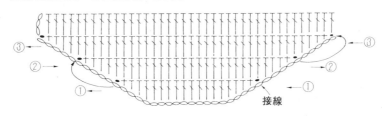

接線

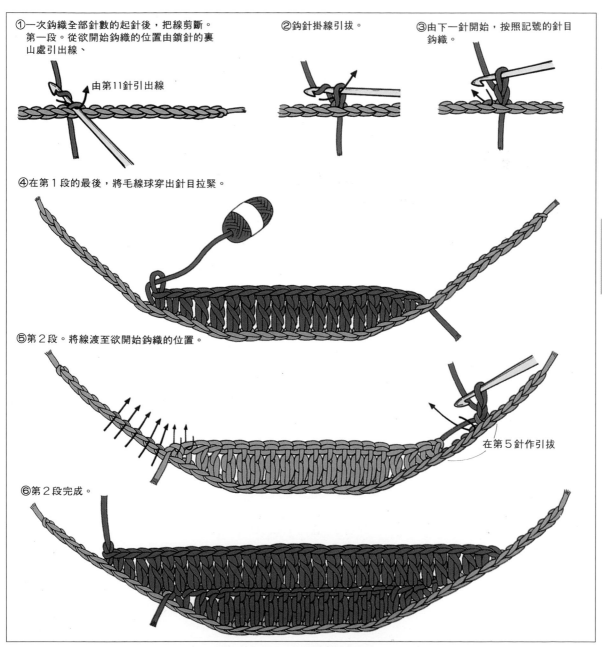

①一次鈎織全部針數的起針後，把線剪斷。
第一段。從欲開始鈎織的位置由鎖針的裏
山處引出線、

由第11針引出線

②鈎針掛線引拔。

③由下一針開始，按照記號的針目
鈎織。

④在第1段的最後，將毛線球穿出針目拉緊。

⑤第2段。將線渡至欲開始鈎織的位置。

在第5針作引拔

⑥第2段完成。

縫合與接合

將織片的段與段作縫合稱之為「縫合」。

鎖針

①將織片中表（正面對正面）對好。在2片織片的最初的起針處，一起穿入針、掛線作引拔。

②依箭頭所示方向，在端針的針頭上（短針或長短、立針的針目），將鈎針穿入作引拔並拉緊。

③鈎織至下一個針目的針頭之長度的適合鎖針數。

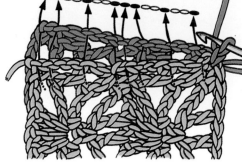
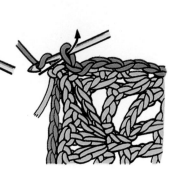

引拔縫合

①將織片中表對好、鈎針穿入織片之最初的起針的鎖針作引拔。

②將鈎針以分割的方式穿入2片的端針中作引拔。再依適合針目高度的針數鈎織引拔針。

③

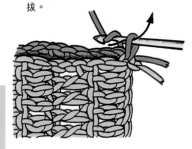
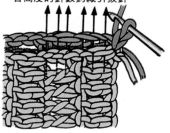
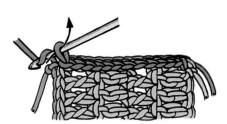

斜針縫

①將織地中表對好。將線穿進縫針，由外側將縫針穿入起針的鎖針。

②2片織片的端針作分割針目由另一側將縫針穿入作斜針縫。長針一段的高度約須縫2次。

③

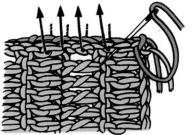

段對段的平針縫合

①將正面朝上，2片織片並排。將縫針穿好線，端針的針目作分割的縫入，每次交互地挑2線作縫合。

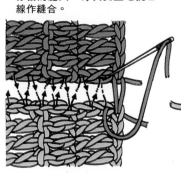

②因為要在針穿出的同樣位置再將針穿入，所以同一位置線會穿過2次。

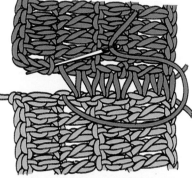

③

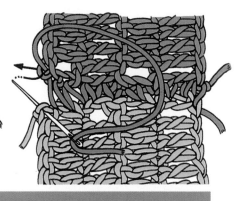

半迴針縫合

①將2片織片中表對好拿著。與半迴針縫的要領相同，端針作分割的穿入。

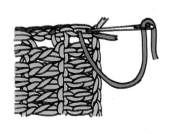

②縫過的一針再回間隔的一半將針穿入縫合。

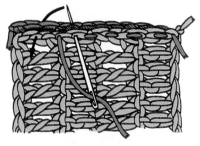

③

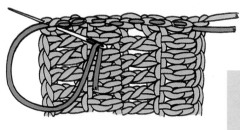

匚字縫

①將織片的背面朝上，2片並排。縫針穿好線，由端針挑2線作如匚字型的縫合。

背面

②切勿將線拉得太緊，大約拉至織片剛好接合平整即可。

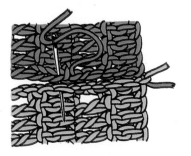

③

接合

將織片的針目與針目接合稱之為「接合」。

鎖針、引拔針接合

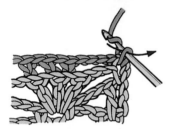

①將織片中表對好。鉤針穿入2片
織片的最終段的長針或短針的針
頭處,將線引拔出來拉緊。

②鉤織適合至下一個針目的針頭
之長度的鎖針數。

③

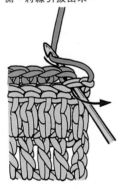

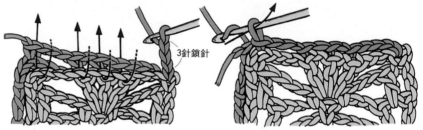

3針鎖針

引拔接合

①將2片織片中表對好。鉤針穿入
2織片的最終段的針目的針頭內
側,將線引拔出來。

②引拔的針目,需鉤織得與原針目
相同大小,作一針一針的引拔。

③

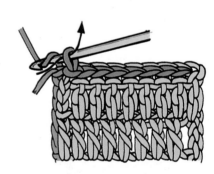

斜針縫

①正面朝上,2片織片並排。挑最
終段的針頭2線縫合。

②縫針由外側向內側穿入,作1針
1針的斜針縫。

③

挑2線縫合

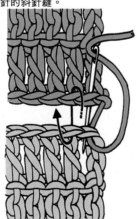

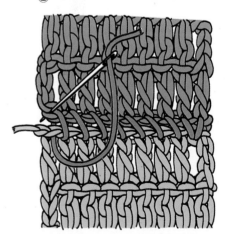

針對針的平針接合

①正面朝上,將2片織片並排。 縫針穿入最終段的針頭的內側 縫合。

②縫針的穿入法爲外側挑1針, 內側則挑半針,於下一個針目 再挑半針。

③

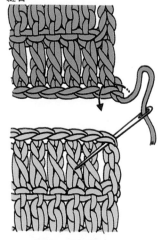

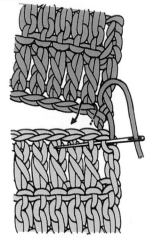

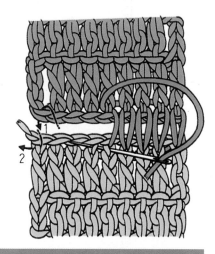

半迴針縫接合

①2片織片中表對好,縫針穿入 最終段的針頭內側,作半迴針 縫合。

②縫過的一針再回間隔的一半將 針穿入。

③

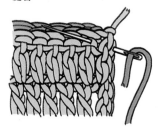

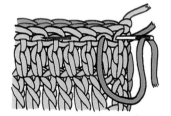

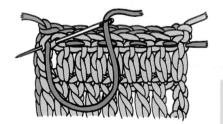

ㄷ字縫

①織片的背面朝上,2片並排。 由最終段的針頭挑2線縫合, 以縫針作如ㄷ字型的縫合。

②一針針依箭頭所示方向交互穿 入接合。

③

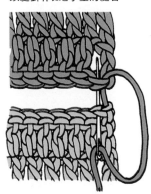

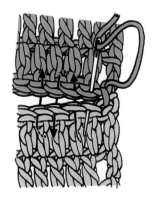

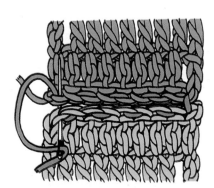

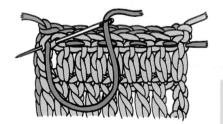

縫合與接合

挑針的方法

下襬、袖口、領子、前立（襟）等的挑針方法。依織片的種類不同，挑
針法亦有所改變。圖中的箭頭表示挑針（穿入針）的位置。

由針目挑針時

★分割的挑針　長針或短針等密編時的挑針方法。

起針處……由起針的鎖針挑２條線。

鈎織結束側……由最終段挑針頭２線。

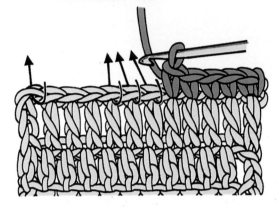

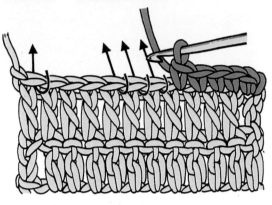

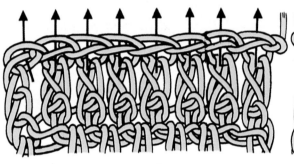

★由束挑針

多用於如網狀編織等縷空的織片的挑針方法。

起針處…由起針的鎖針作束的挑針。
　　　　鈎織結束側亦同。

★組合挑針

由密編與縷空所組合的花樣時，其挑針的方法有時為分
割的挑針，有時為束的挑針。

起針處……長針處挑２線（分割）。
　　　　　縷空的針目則由束挑針。
　　　　　鈎織結束側亦同。

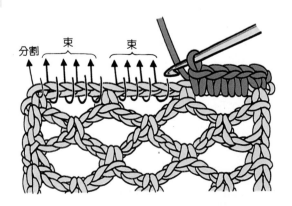

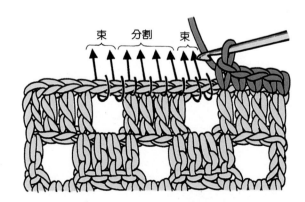

由段挑針

★**分割的挑針**　如長針或短針等密編，將端針作分割的挑針。

左側……端針為長針或鎖針時，皆挑2條線。

右側……與左側的挑針法同，挑端針的2條線。

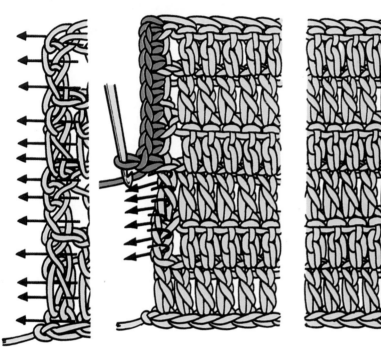

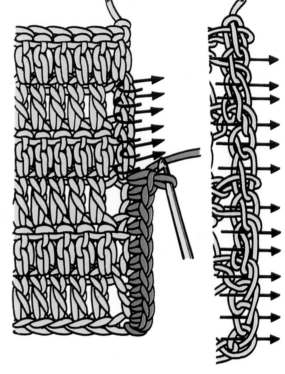

★**由束挑針**

花樣的端針與下一針目之間若有縷空時，則由束挑針。

右側……將端針作束的挑針。左側的挑針方法亦同。

★**組合挑針**

端針與下一針之間，若為密編與縷空所組合的花樣時，其挑針的方法是使用適合各處的方法。

右側……縷空的部分由束挑針。密編的部分則將端針的針目挑2條線（分割的挑針）。

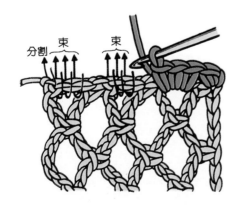

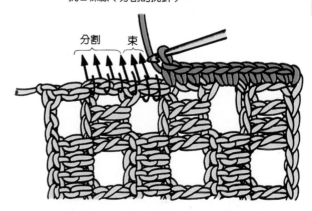

由斜線挑針時

★由減針的斜線挑針

此為由減針鈎織成之斜線的挑針方法。與45頁的由段挑針的方法的要領相同。密編的端針作分割的挑針。另外，簍空的花樣，則由束挑針，若是兩者組合的花樣，其挑針法必須依各個花樣不同而採不同的方法。

分割的挑針

由各個適合的挑針法組合。

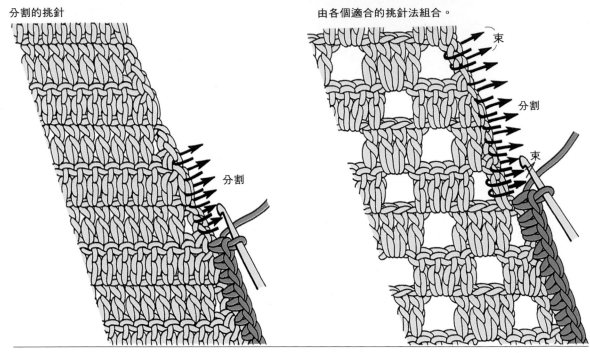

★由加針的斜線挑針 與減針的斜線的挑針方法相同。

分割的挑針

由各個適合的挑針法組合。

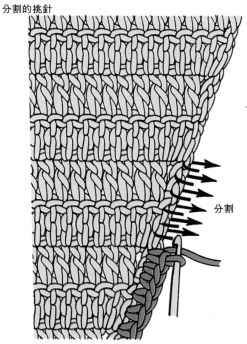

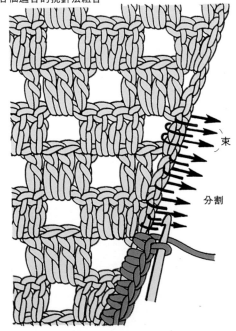

挑針的方法

46

由弧度線挑針

★由減針的弧度線挑針
弧度線的挑針方法爲由針目的挑針法與由段的挑針法之組合。密編時作分割的挑針,而縷空的花樣則由束挑針。兩者混合的織片時,其挑針的方法亦爲組合式。

分割的挑針

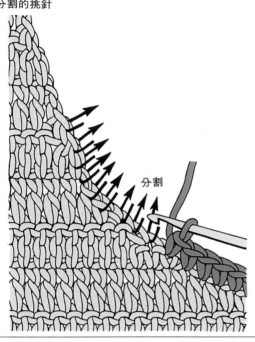

組合挑針

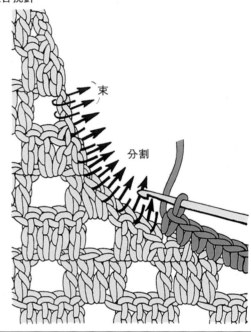

★加針的弧度線的挑針　與減針的弧度線的挑針方法相同

分割的挑針

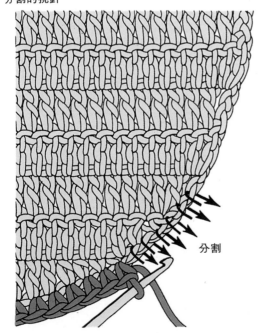

組合挑針

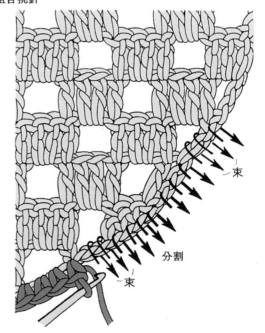

緣編與裝飾帶

完成作品前經常使用的代表性的緣編以及 4 種裝飾帶的編織方法。

結粒針（引拔的結粒針）

① 將針穿入　② 引拔　③ 短針　④

扭短針

① 將針尖依箭頭方向回轉　②　③　④

逆短針（其間鉤入 1 鎖針）

由左向右鉤織。

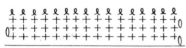

① 1 針鎖針　②　③

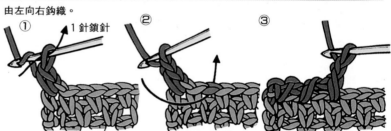

松編

鉤織 3 針長針　立針的 3 針鎖針　鉤織短針　③ 鉤織 3 針鎖針
挑 2 條線

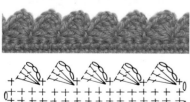

玉針

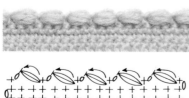

① 鉤針掛線，引出線共 3 次　拉長鎖針
挑 2 條線　②　③ 1. 1 針鎖針
2. 短針

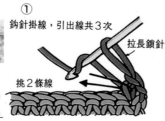

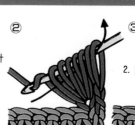
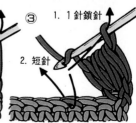

裝飾帶

直線裝飾帶

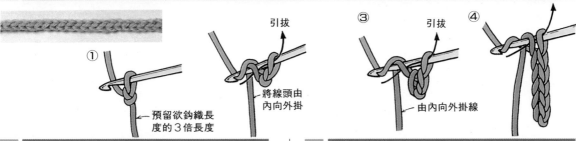

① ← 預留欲鉤織長度的3倍長度

引拔 ↗
將線頭由內向外掛

③ 引拔 ↗
由內向外掛線

④

雙重鎖針的裝飾帶

A 並行鉤織

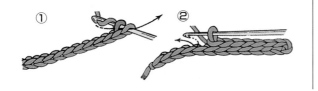

①

② 鉤針拔開　將線引拔出來 ↗

③ 將鉤針穿回原拔開的針目，鉤線引拔出來。

④

B 由鎖針的裏山作引拔針

①

②

蝦編

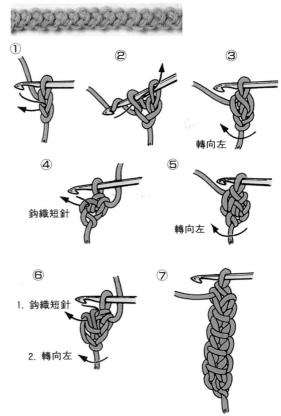

①

②

③ 轉向左 ↻

④ 鉤織短針 ↙

⑤ 轉向左 ↻

⑥ 1. 鉤織短針 ↙
2. 轉向左

⑦

貝殼花樣

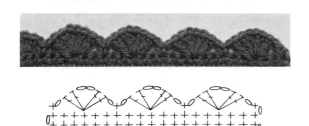

扇形花樣

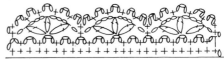

帶　緣編與裝飾

釦洞與釦環

釦洞與釦環，其洞的大小約為鈕釦直徑的0.8倍。

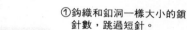

短針的釦洞

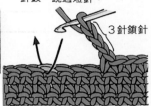

①鉤織和釦洞一樣大小的鎖針數，跳過短針。

3針鎖針

②下一段則挑鎖針的裏山鉤織。

由鎖針的裏山挑針

③

引拔針的釦環

①鉤織和釦洞一樣大小的鎖針數，回頭以引拔針固定。

8針鎖針

拔開鉤針
引拔出來

②將所有的鎖針的裏山作引拔鉤織。

由裏山引拔

③
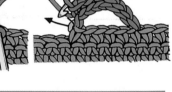

①鉤織和釦洞一樣大小的鎖針數，回頭以引拔針固定。

8針鎖針

拔開鉤針
引拔出來

②用鎖針為蕊心，以短針包夾著鉤織。

短針

③

引拔

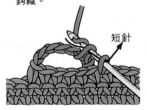

以釦洞繡縫成的釦環

①依洞的大小來回渡2次線當作蕊心。

渡2次線   a 挑2條線

b

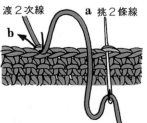

②以釦洞繡的方式縫製。

③

1997年9月初版　2008年4月13刷